幼稚園數學

看圖學加減法③

何秋光　著

新雅文化事業有限公司
www.sunya.com.hk

系列簡介

本系列是何秋光從業 40 餘年教學成果的結晶，是專為 4 至 6 歲兒童研發的一套以加減法為切入點的數學遊戲益智類圖書。為了激發兒童對學習數學加減運算的興趣，本系列圖書從他們熟悉和喜歡的生活，以及小動物之間的情景出發，來表述數量之間的關係。這種賦加減數量於情景之中的應用題，可以喚起他們頭腦中有關加減情景的表象，符合學前兒童思維具體形象性的特點。

本系列把抽象的數位和符號具體化、形象化、兒童化、遊戲化，有益於兒童加深對數學概念的理解，提高其觀察力、判斷能力、推理能力、記憶力、空間知覺、概括能力、想像力、創造力等 8 大能力，同時也能為將來小學數學的學習打下堅實的基礎。

作者簡介

何秋光是中國著名幼兒數學教育專家、「兒童數學思維訓練」課程的創始人，北京師範大學實驗幼稚園專家。從業 40 餘年，是中國具豐富的兒童數學教學實踐經驗的學前教育專家。自 2000 年至今，由何秋光在北京師範大學實驗幼稚園創立的數學特色課「兒童數學思維訓練」一直深受廣大兒童、家長及學前教育工作者的喜愛。

四冊學習大綱

學習範疇 ＼ 冊次	幼稚園數學 看圖學加減法 1 （4–5歲）	幼稚園數學 看圖學加減法 2 （4–5歲）
比較	• 多少、長短、高矮和次序的比較	—
加法運算	• 5以內加法運算 • 10以內加法運算	• 10以內連加運算
減法運算	• 5以內減法運算 • 10以內減法運算	• 10以內連減運算
加減法運算	• 5以內加減法運算 • 10以內加減法運算	• 10以內加減混合運算

學習範疇 ＼ 冊次	幼稚園數學 看圖學加減法 3 （5–6歲）	幼稚園數學 看圖學加減法 4 （5–6歲）
比較	—	—
加法運算	• 看圖學20以內加法運算	• 看圖學20以內連加運算
減法運算	• 看圖學20以內減法運算	• 看圖學20以內連減運算
加減法運算	• 看圖學20以內加減法運算	• 看圖學20以內加減混合運算

目錄

看圖學20以內加法運算

練習 1

▶ **請你看圖玩遊戲，在相應的格子裏寫出加法算式。**

1個十和2個一，合起來就是12。

□ ○ □ = □ 個

▶請你看圖玩遊戲，在相應的格子裏寫出加法算式。

□ ○ □ = □ 個

▶請你看圖玩遊戲，在相應的格子裏寫出加法算式。

□○□＝□隻

▶ 請你看圖玩遊戲，在相應的格子裏寫出加法算式。

▶請你看圖玩遊戲，在相應的格子裏寫出加法算式。

□ ○ □ = □ 隻

▶請你看圖玩遊戲，在相應的格子裏寫出加法算式。

▶請你看圖玩遊戲，在相應的格子裏寫出加法算式。

▶ 請你看圖玩遊戲，在相應的格子裏寫出加法算式。

▶請你看圖玩遊戲，在相應的格子裏寫出加法算式。

看圖學20以內加法運算 練習 10

▶請你看圖玩遊戲，在相應的格子裏寫出加法算式。

▶ 請你看圖玩遊戲，在相應的格子裏寫出加法算式。

□ ○ □ = □ 條

▶請你看圖玩遊戲，在相應的格子裏寫出加法算式。

□ ○ □ = □ 個

▶ 請你看圖玩遊戲，在相應的格子裏寫出加法算式。

□ ○ □ = □ 個

看圖學20以內加法運算 練習 14

▶ 請你看圖玩遊戲，在相應的格子裏寫出加法算式。

▶ 請你看圖玩遊戲，在相應的格子裏寫出加法算式。

看圖學20以內加法運算 練習16

▶ **請你按照下面的要求回答問題，並在相應的格子裏寫出算式。**

海灘上有12隻小烏龜，又從海裏游上來3隻小烏龜，海灘上一共有幾隻小烏龜？

12隻

方法一 12 + 3 = 15 隻

方法二 3 + 12 = 15 隻

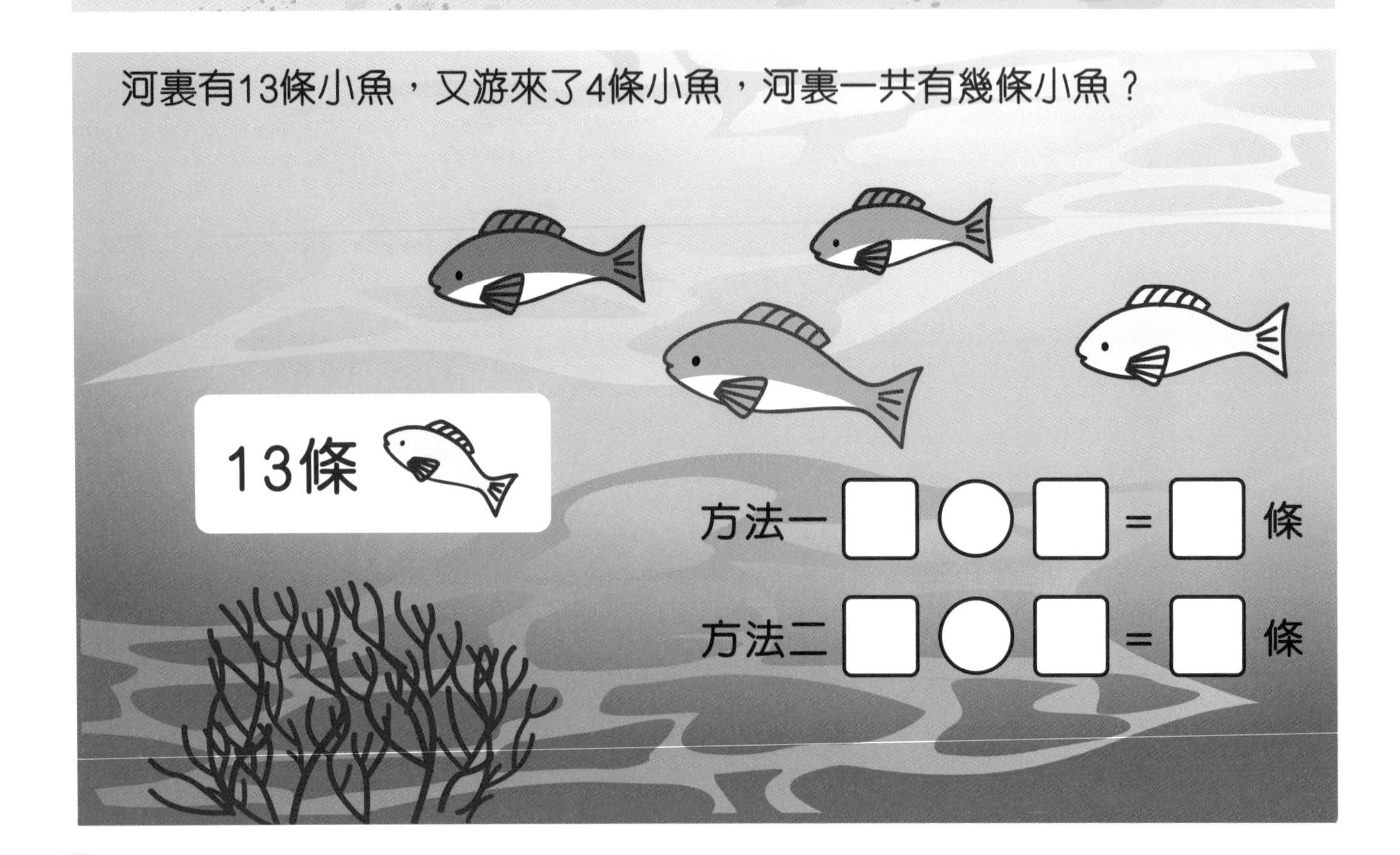

▶ 請你按照下面的要求回答問題，並在相應的格子裏寫出算式。

農場裏有14隻小豬，又跑來5隻小豬，農場裏一共有幾隻小豬？

飛走3隻小鳥後，樹上還有15隻小鳥，樹上原來有幾隻小鳥？

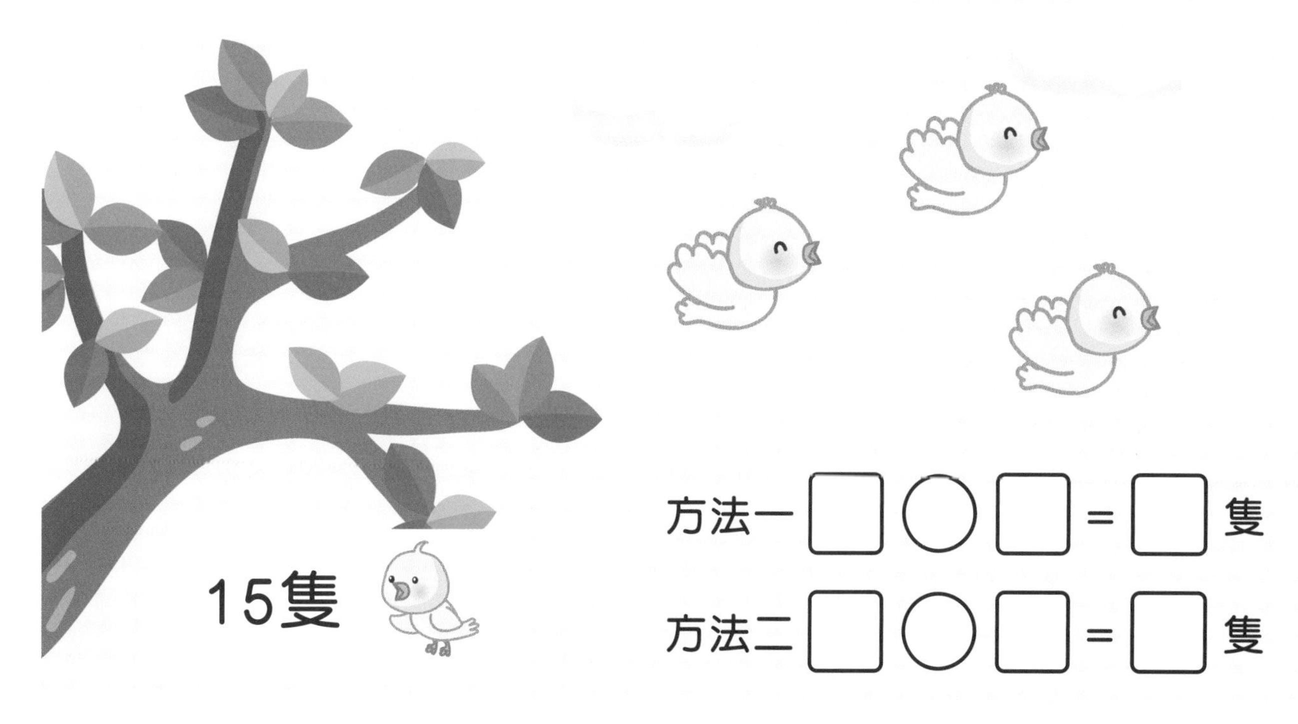

方法一 □ ○ □ ＝ □ 隻

方法二 □ ○ □ ＝ □ 隻

看圖學20以內加法運算 練習18

▶ **請你按照下面的要求回答問題，並在相應的格子裏寫出算式。**

農場裏原來有6隻黃色小雞，又來了12隻白色小雞，農場裏一共有幾隻小雞？

山上有14隻小猴子，山下有4隻小猴子，山上山下一共有幾隻小猴子？

▶ **請你按照下面的要求回答問題，並在相應的格子裏寫出算式。**

草原上原來有3隻小綿羊，又來了15隻小綿羊，草原上一共有幾隻小綿羊？

欄柵裏有2頭小奶牛，柵欄外有16頭小奶牛，一共有幾頭小奶牛？

看圖學20以內加法運算 練習 20

▶ **請你按照下面的要求回答問題，並在相應的格子裏寫出算式。**

鳥窩裏有11隻小鳥，晾衣杆上站着5隻小鳥，一共有幾隻小鳥？

小狗第一次運送了6個麪包，還剩下12個麪包沒有運送，一共有幾個麪包？

▶ **請你按照下面的要求回答問題，並在相應的格子裏寫出算式。**

樹上原來有12隻小鳥，又飛來了5隻小鳥，樹上一共有幾隻小鳥？

小兔送給小豬8個蘿蔔，自己還剩10個蘿蔔，小兔原來有幾個蘿蔔？

▶ 請你按照下面的要求回答問題，並在相應的格子裏寫出算式。

小貓原來有14個皮球，又買了5個，小貓一共有幾個皮球？

14

方法一 □ ○ □ = □ 個

方法二 □ ○ □ = □ 個

▶ 請你按照下面的要求回答問題，並在相應的格子裏寫出算式。

小熊有15塊圓形蛋糕，3 塊方形蛋糕，牠一共有幾塊蛋糕？

汽車上原來有16隻小狗，又有4隻小狗上了車，汽車上現在有幾隻小狗？

看圖學20以內加法運算 練習 24

▶ **請你分別根據小動物們說的話，玩加法遊戲，然後算出正確答案，把相應數量的東西塗色。**

▶ **請你分別根據小動物們說的話，玩加法遊戲，然後算出正確答案，把相應數量的東西塗色。**

▶請你看圖算一算。

	第一次	第二次	兩次共拍了幾下
	6	10	(　　)下
	11	7	(　　)下
	13	6	(　　)下
	5	12	(　　)下

▶請你看圖算一算。

	第一天	第二天	兩天共摘了幾個
	12	6	(　　)個
	7	11	(　　)個
	8	12	(　　)個
	15	4	(　　)個

▶ 請你看圖算一算。

	上午	下午	上午和下午共拔了幾個
	12	4	(　　)個
	14	5	(　　)個
	7	10	(　　)個
	13	6	(　　)個

▶ 請你看圖算一算。

	第一天	第二天	兩天共跳了幾下
	8	11	(　　)下
	12	6	(　　)下
	14	4	(　　)下
	16	4	(　　)下

▶ **請你按照下面的要求回答問題。**

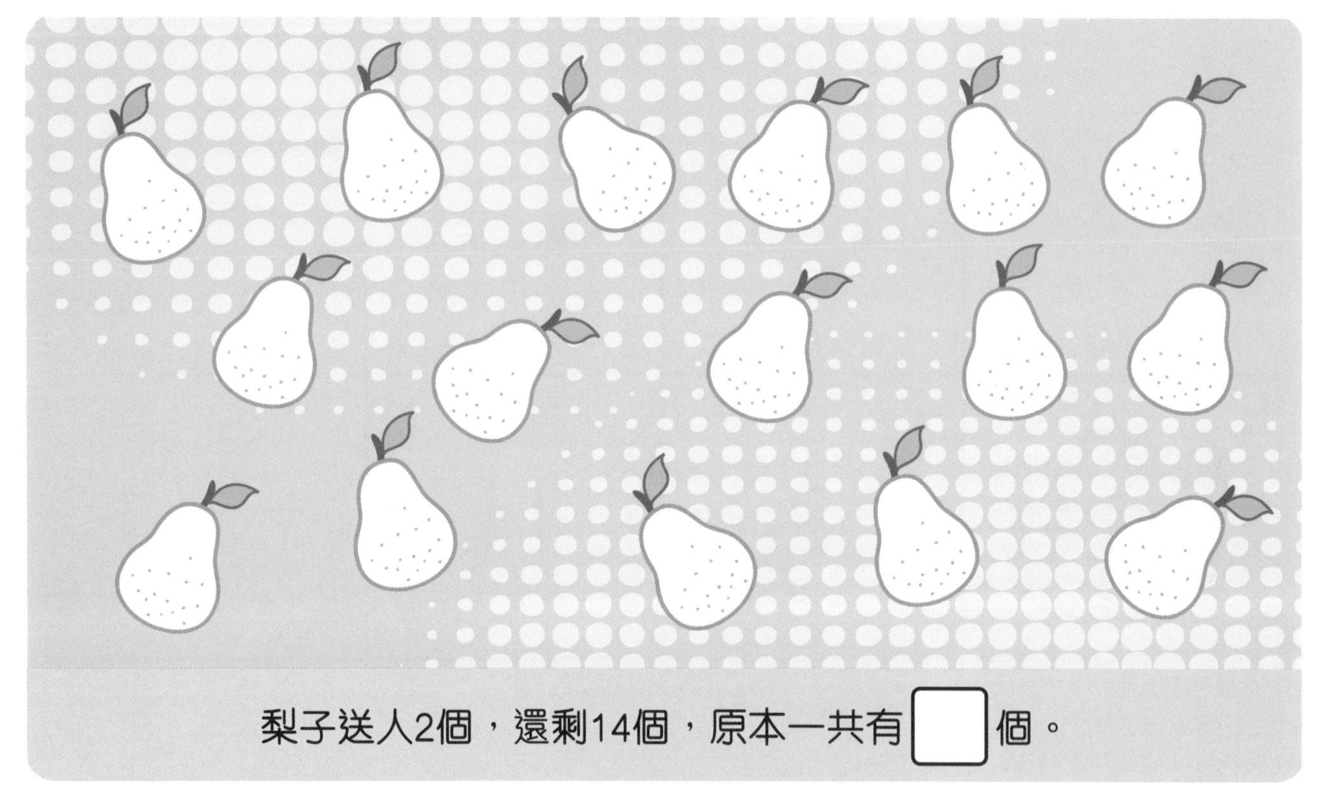

梨子送人2個，還剩14個，原本一共有 ☐ 個。

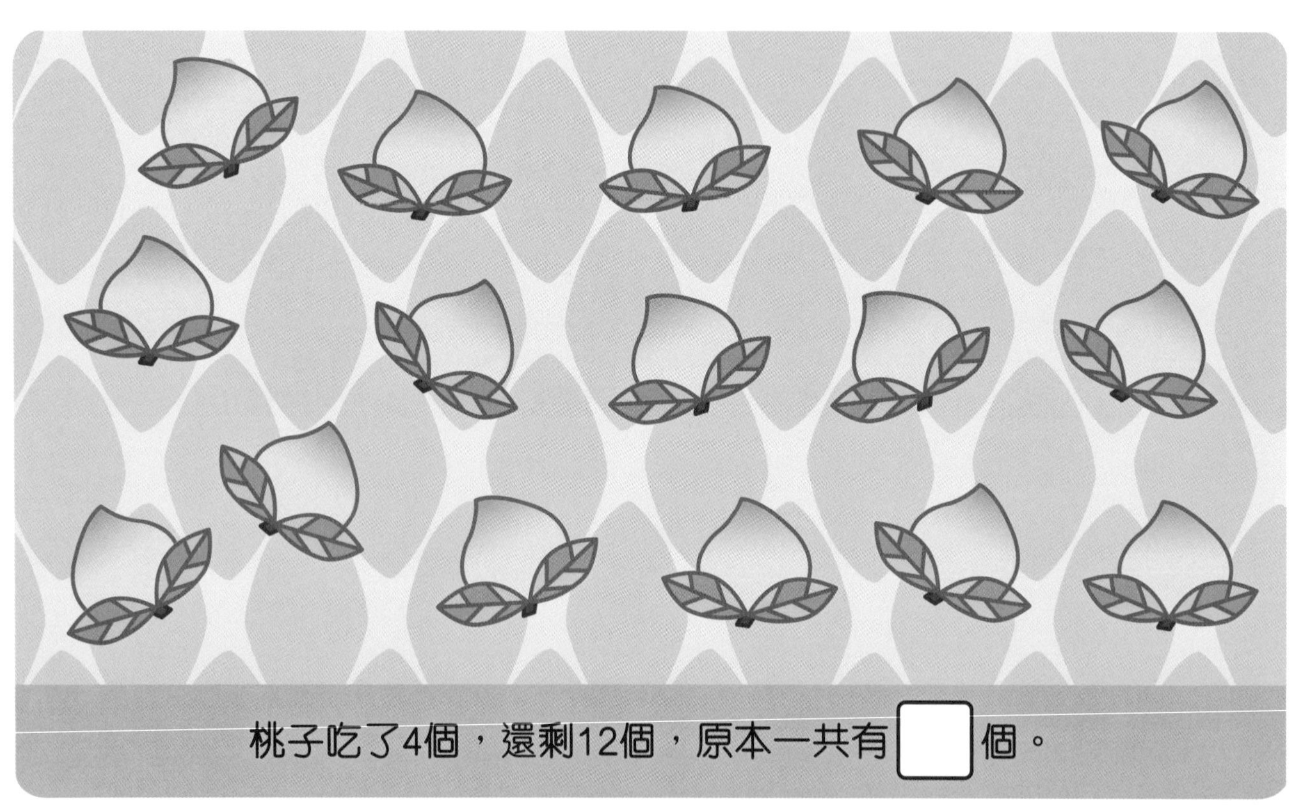

桃子吃了4個，還剩12個，原本一共有 ☐ 個。

▶ **請你按照下面的要求回答問題。**

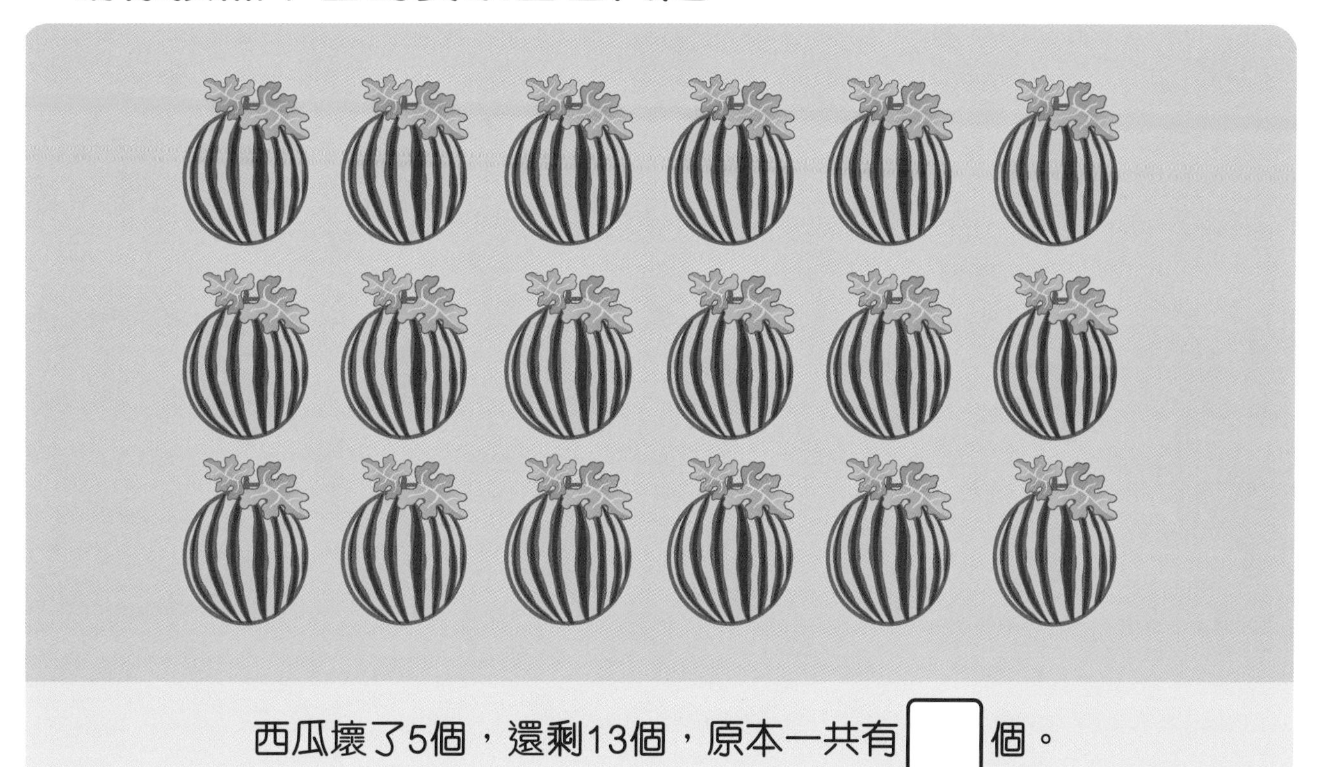

西瓜壞了5個，還剩13個，原本一共有 ☐ 個。

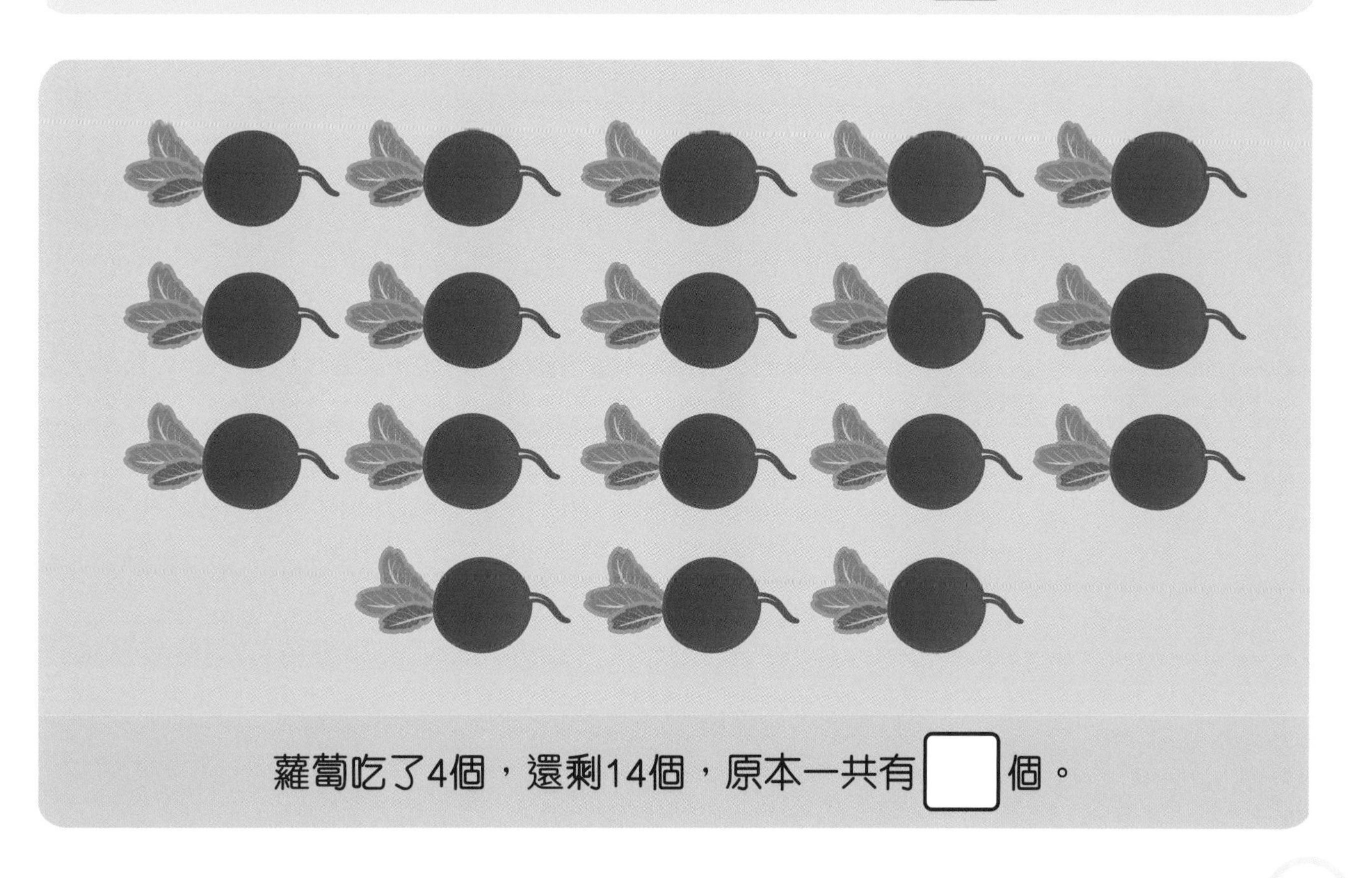

蘿蔔吃了4個，還剩14個，原本一共有 ☐ 個。

看圖學20以內加法運算 練習 32

▶ **請你按照下面的要求回答問題。**

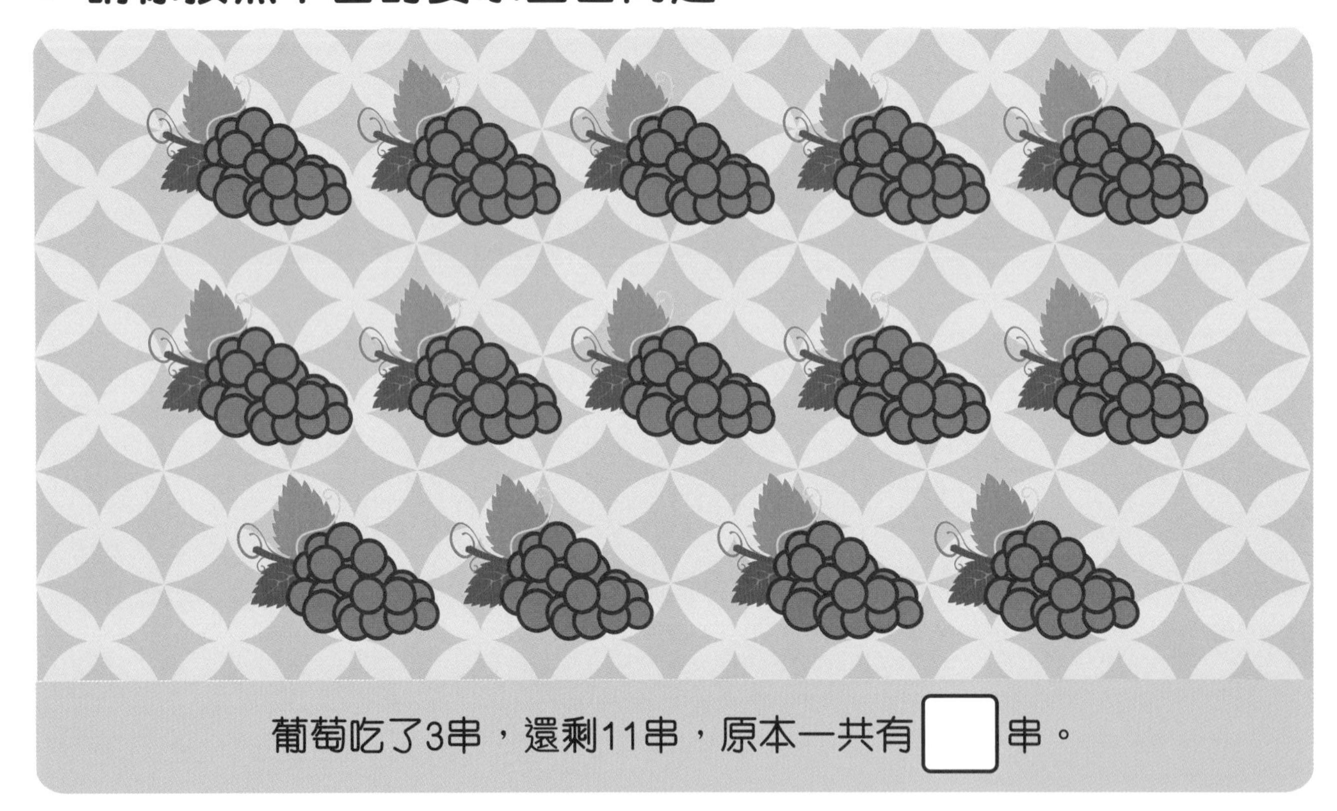

葡萄吃了3串，還剩11串，原本一共有 ☐ 串。

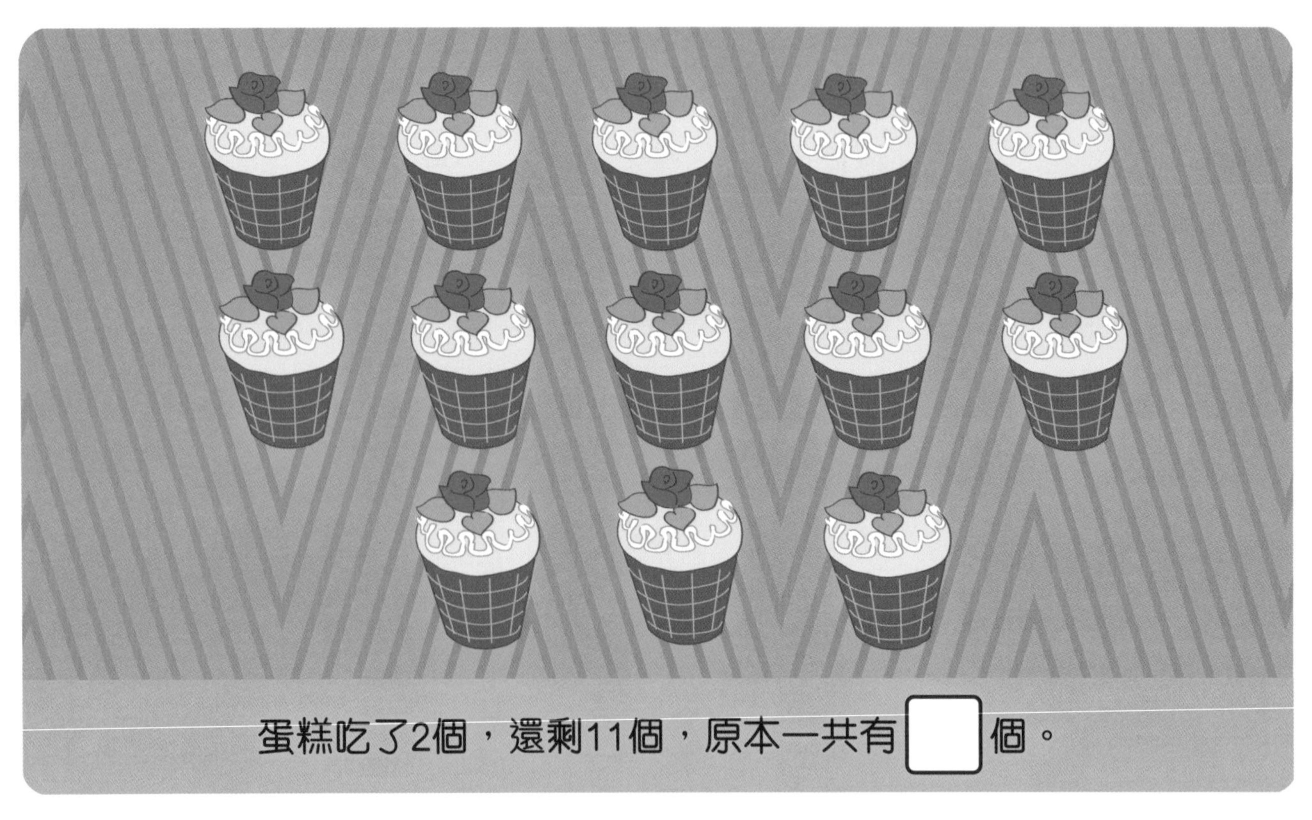

蛋糕吃了2個，還剩11個，原本一共有 ☐ 個。

▶請你按照下面的要求回答問題。

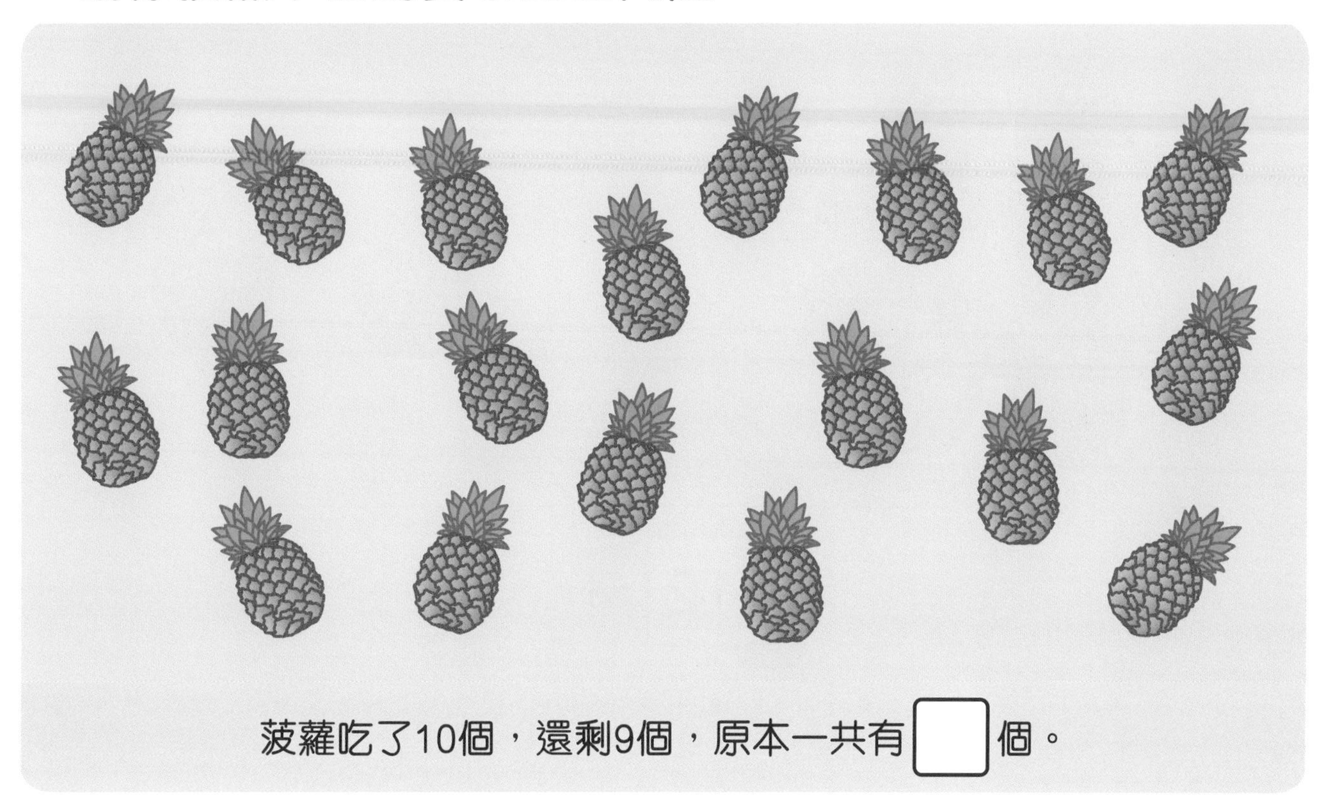

菠蘿吃了10個，還剩9個，原本一共有☐個。

蟲子飛走9隻，還剩11隻，原本一共有☐隻。

▶請你仔細看圖，並在相應的格子裏寫出算式。

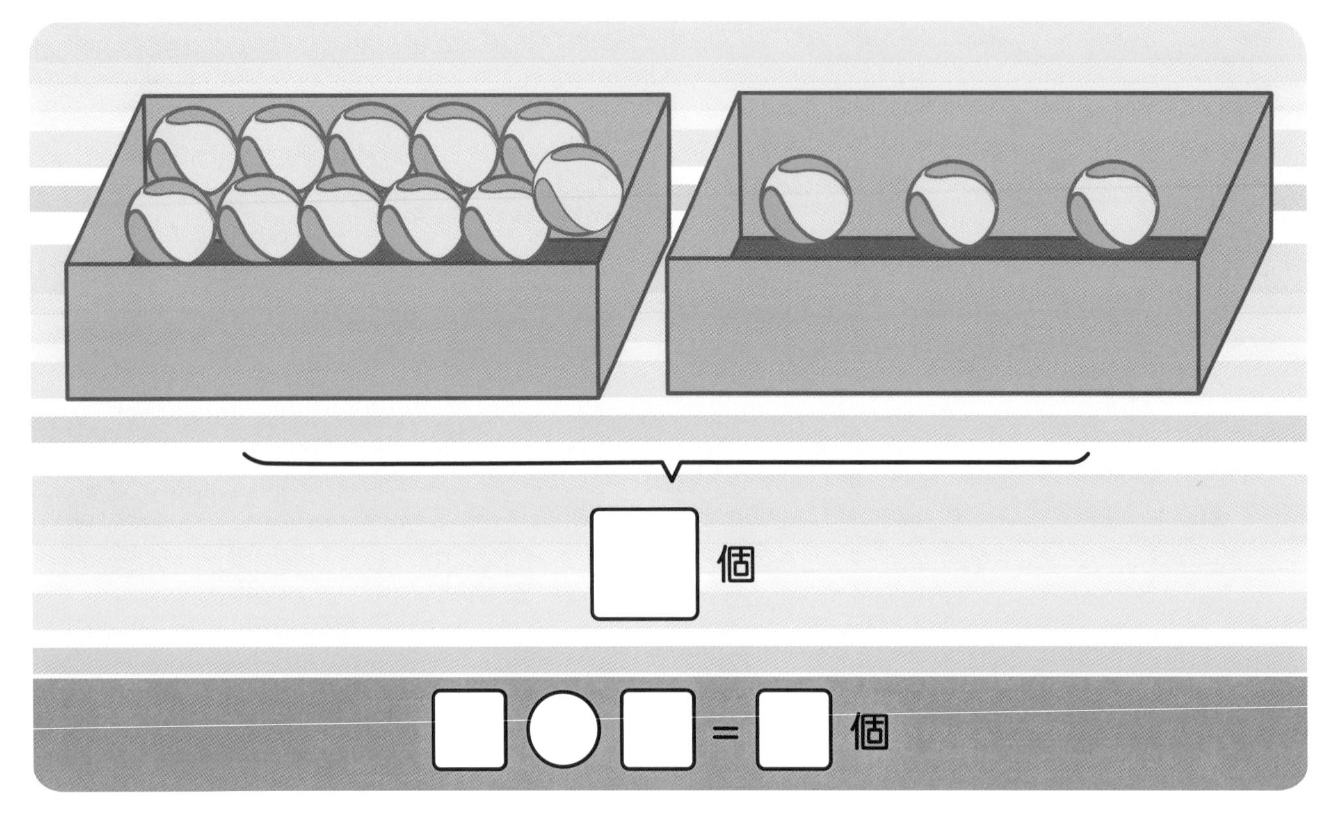

▶請你仔細看圖，並在相應的格子裏寫出算式。

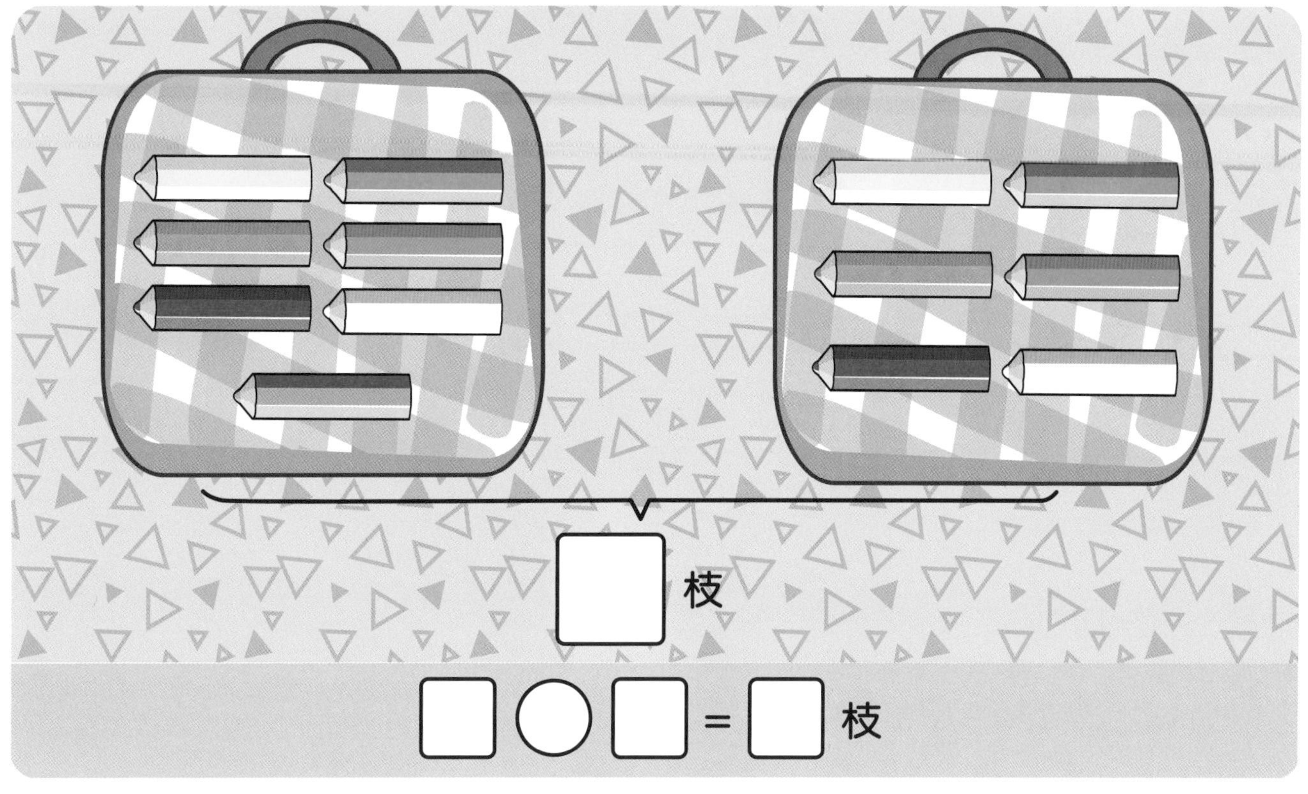

☐ 枝

☐ ◯ ☐ = ☐ 枝

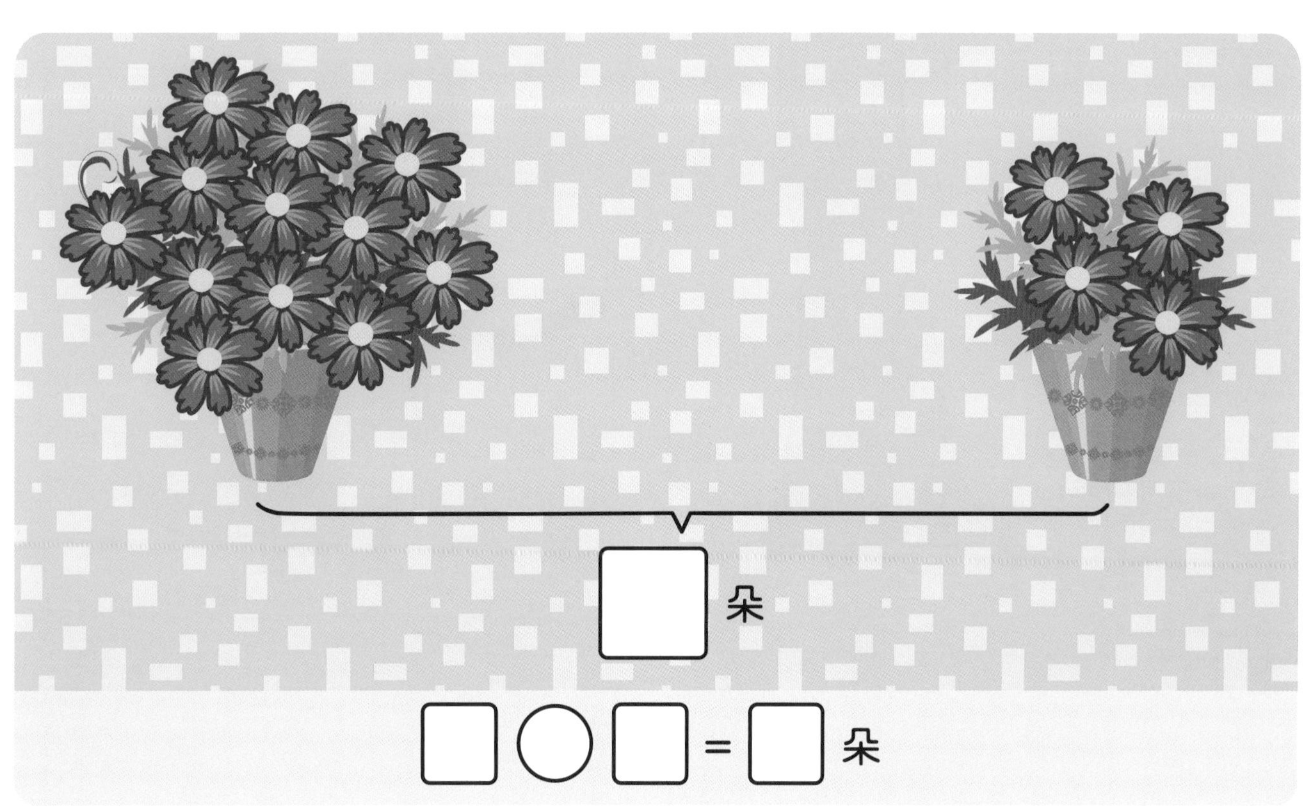

☐ 朵

☐ ◯ ☐ = ☐ 朵

看圖學20以內減法運算

練習 36

▶請你看圖玩遊戲，在相應的格子裏寫出減法算式。

▶請你看圖玩遊戲，在相應的格子裏寫出減法算式。

□ ○ □ = □ 隻

▶請你看圖玩遊戲，在相應的格子裏寫出減法算式。

▶ 請你看圖玩遊戲，在相應的格子裏寫出減法算式。

□ ○ □ = □ 隻

看圖學20以內減法運算 練習 40

▶ 請你看圖玩遊戲，在相應的格子裏寫出減法算式。

□ ○ □ ＝ □ 隻

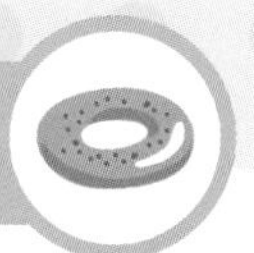

▶請你看圖玩遊戲，在相應的格子裏寫出減法算式。

看圖學20以內減法運算 練習 42

▶請你看圖玩遊戲，在相應的格子裏寫出減法算式。

▶ 請你看圖玩遊戲，在相應的格子裏寫出減法算式。

看圖學20以內減法運算 練習 44

▶請你看圖玩遊戲，在相應的格子裏寫出減法算式。

▶ 請你看圖玩遊戲，在相應的格子裏寫出減法算式。

□ ○ □ = □ 個

▶請你看圖玩遊戲，在相應的格子裏寫出減法算式。

▶請你看圖玩遊戲，在相應的格子裏寫出減法算式。

□ ○ □ = □ 個

▶請你看圖玩遊戲，在相應的格子裏寫出減法算式。

▶ **請你按照下面的要求回答問題，並在相應的格子裏寫出算式。**

小貓比媽媽少釣了多少條魚？ 12 − 2 = 10 條

媽媽比小貓多釣了多少條魚？ ☐ ◯ ☐ = ☐ 條

▶ **請你按照下面的要求回答問題，並在相應的格子裏寫出算式。**

小刺蝟比小豬少運了多少個菠蘿？ □ ○ □ = □ 個

小豬比小刺蝟多運了多少個菠蘿？ □ ○ □ = □ 個

▶ **請你按照下面的要求回答問題，並在相應的格子裏寫出算式。**

小兔子比小刺蝟少摘了多少個蘑菇？

□ ○ □ = □ 個

小刺蝟比小兔子多摘了多少個蘑菇？

□ ○ □ = □ 個

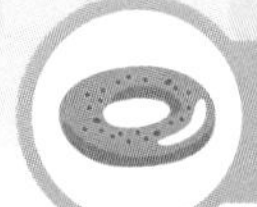

看圖學20以內減法運算 練習 52

▶請你看圖算一算。

	15	15	15	15	15
跑掉	1	2	3	4	5
還剩下多少個					

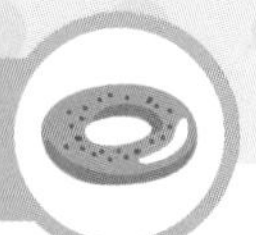

▶ 請你看圖算一算。

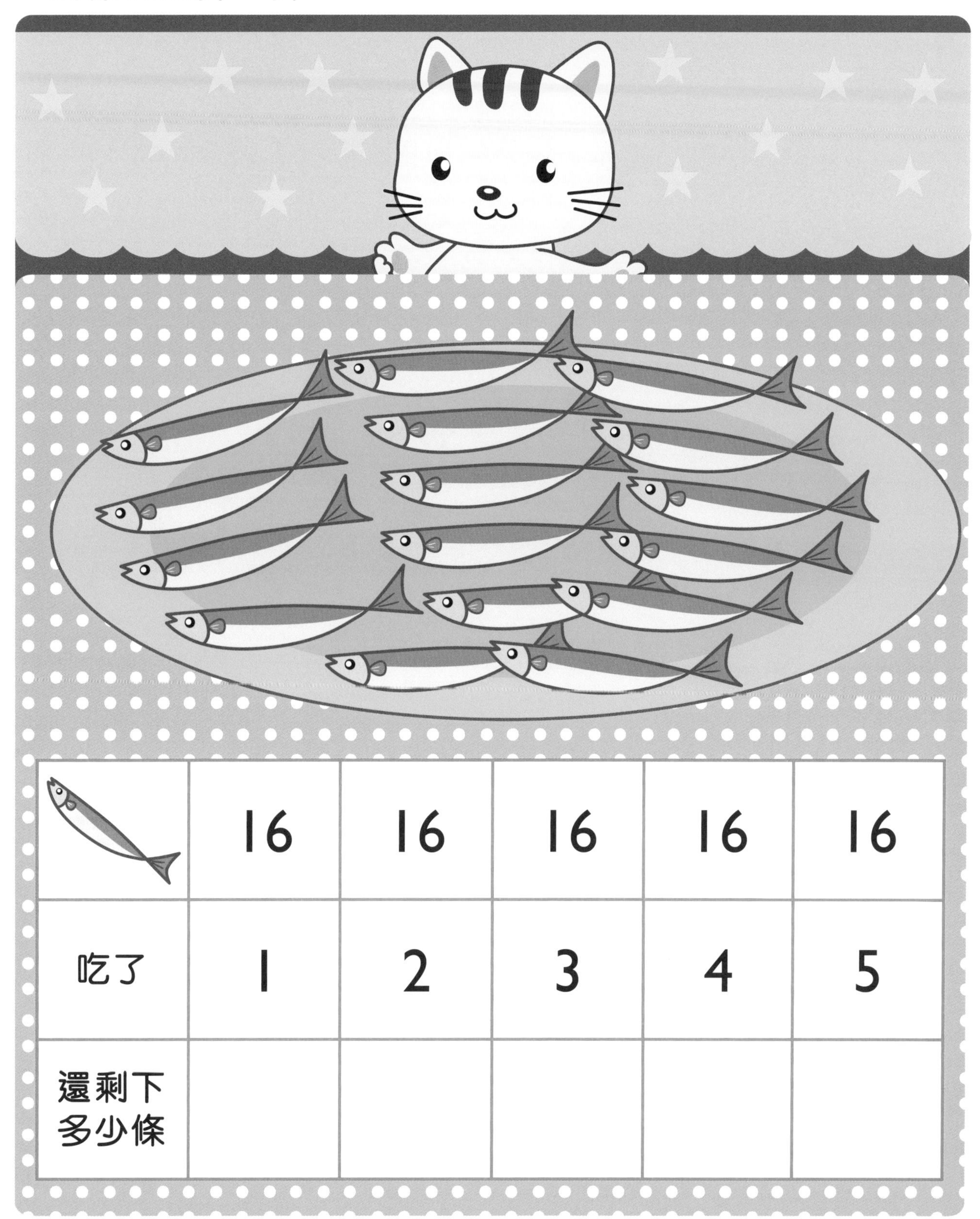

(魚)	16	16	16	16	16
吃了	1	2	3	4	5
還剩下多少條					

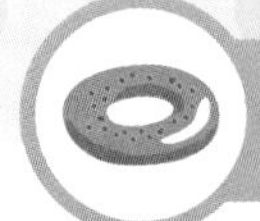

看圖學20以內減法運算 練習 54

▶ 請你看圖算一算。

	17	17	17	17	17
吃了	1	2	3	4	5
還剩下多少個					

練習55 看圖學20以內減法運算

▶請你看圖算一算。

	18	18	18	18	18
吃了	1	2	3	4	5
還剩下多少個					

看圖學20以內減法運算 練習 56

▶ 請你看圖算一算。

🌼	19	19	19	19	19
摘了	1	2	3	4	5
還剩下多少朵					

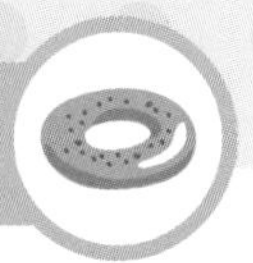

▶請你仔細看圖，並在相應的格子裏寫出算式。

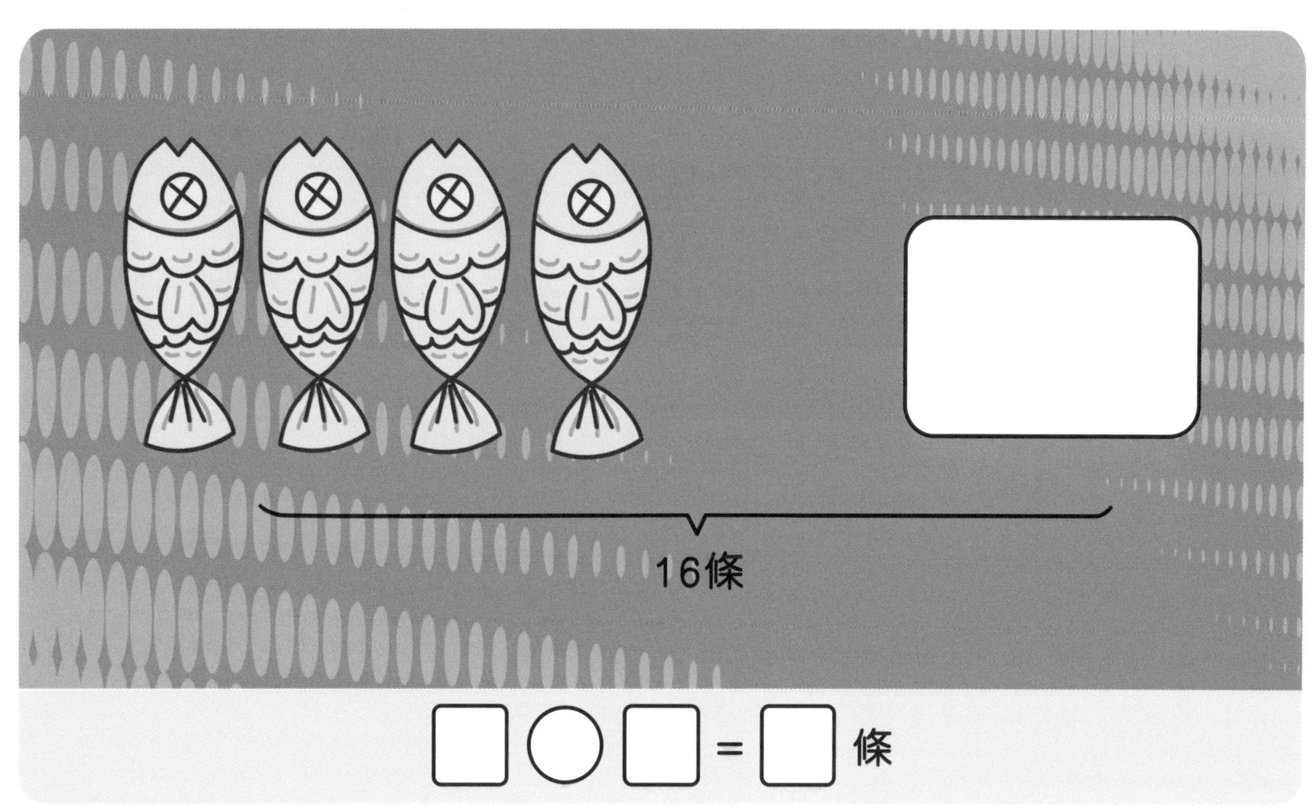

看圖學20以內減法運算 練習58

▶請你仔細看圖，並在相應的格子裏寫出算式。

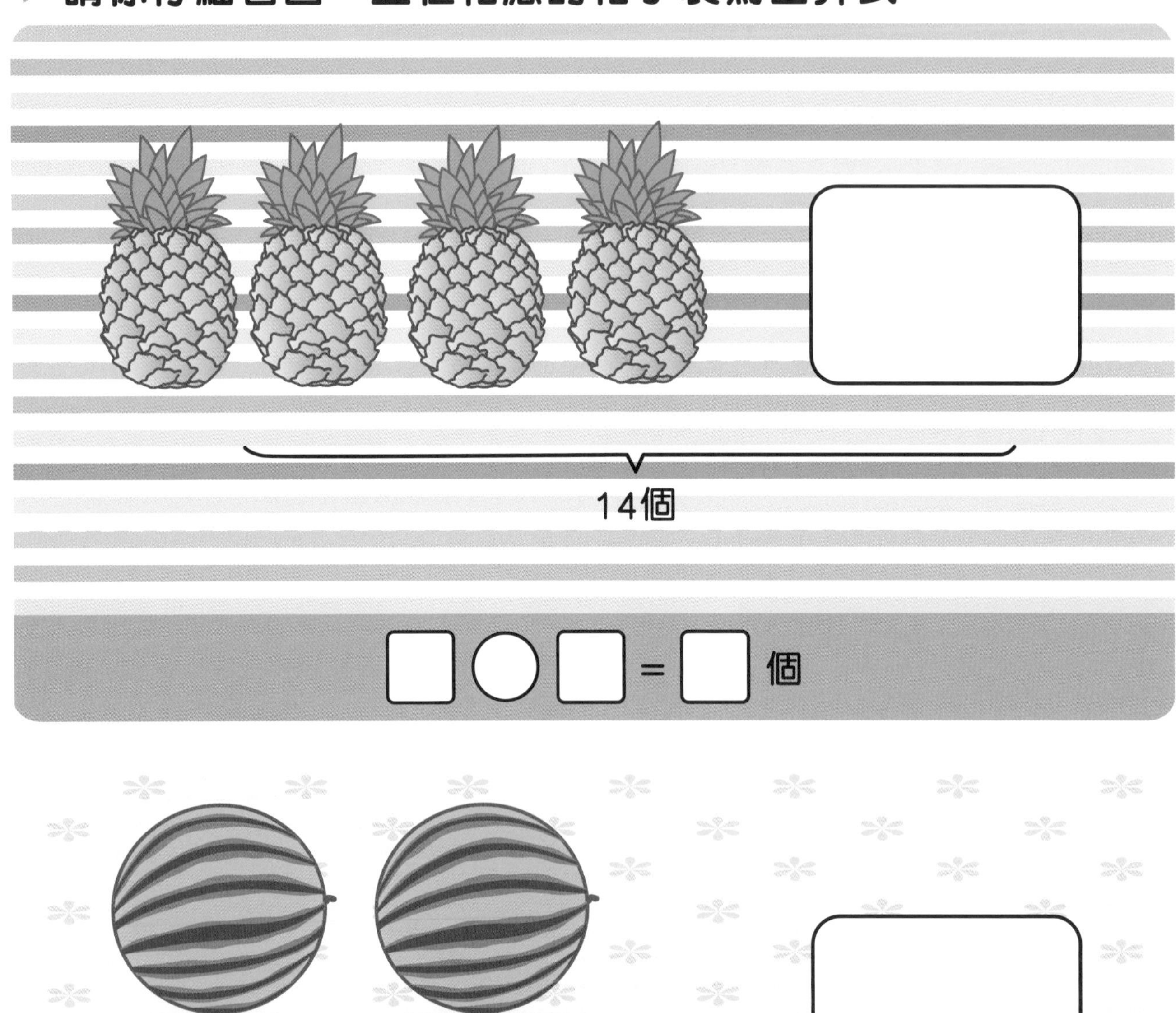

14個

□○□=□個

17個

□○□=□個

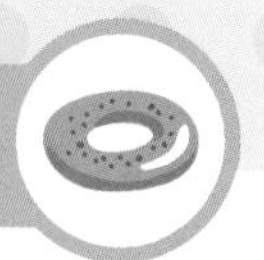

▶ **請你仔細看圖，並在相應的格子裏寫出算式。**

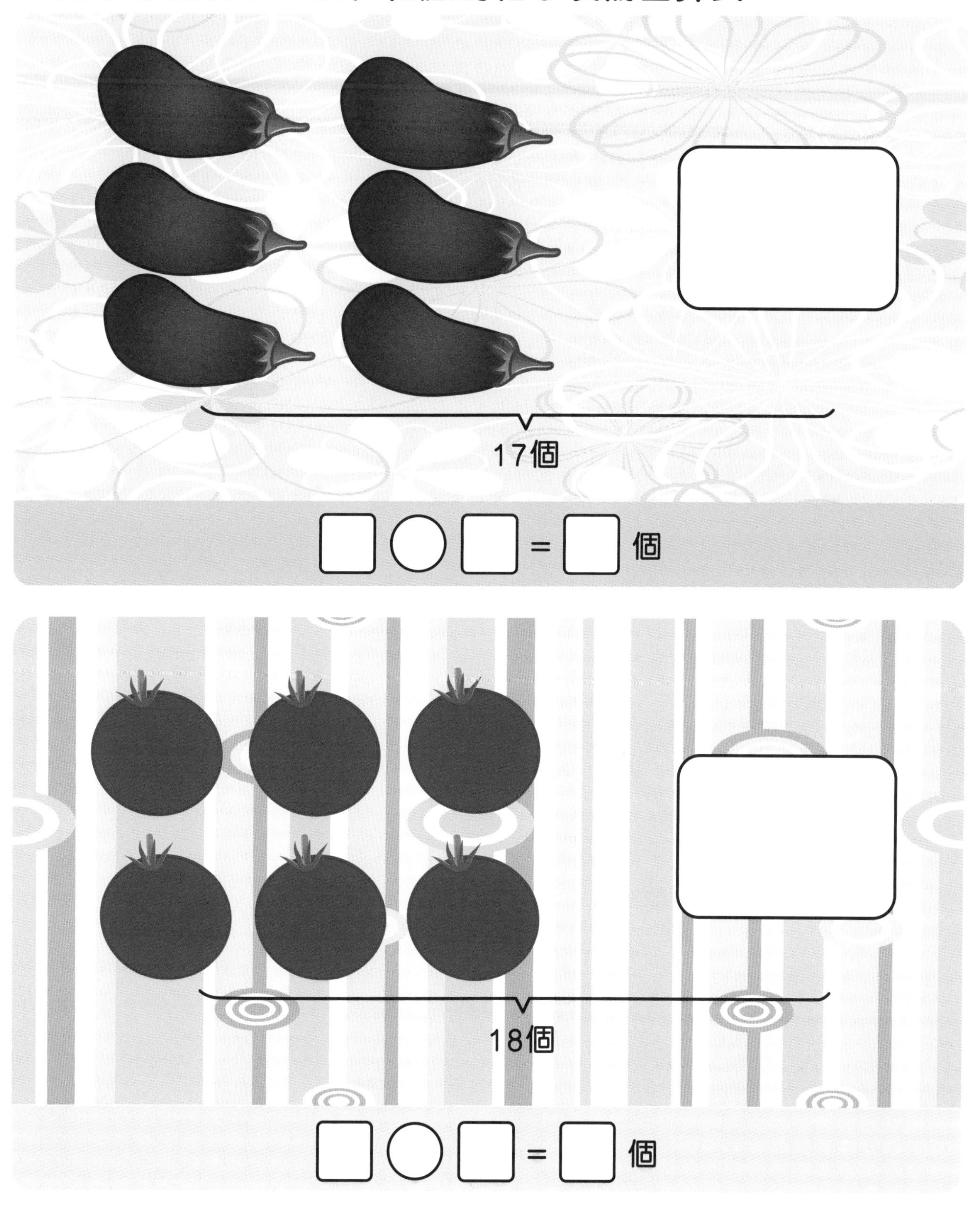

▶請你仔細看圖，並在相應的格子裏寫出算式。

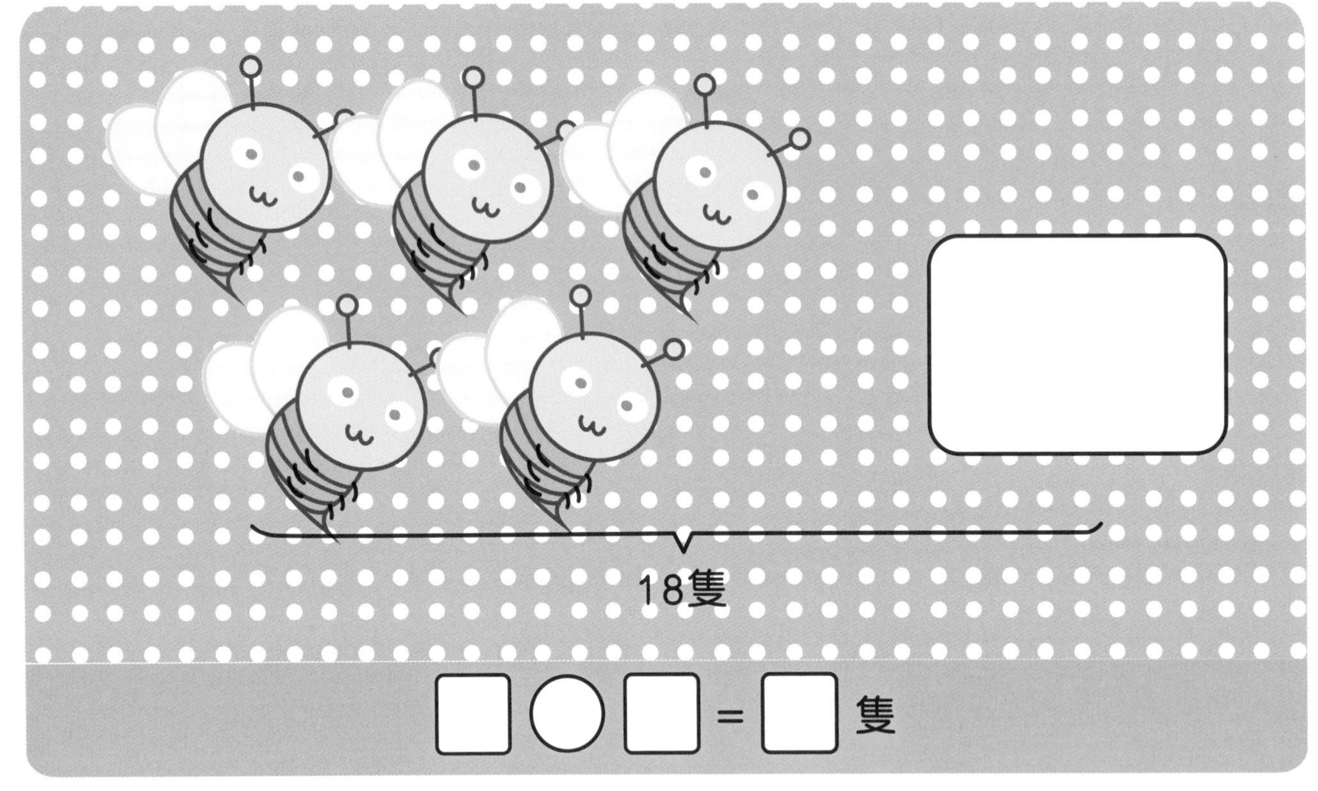

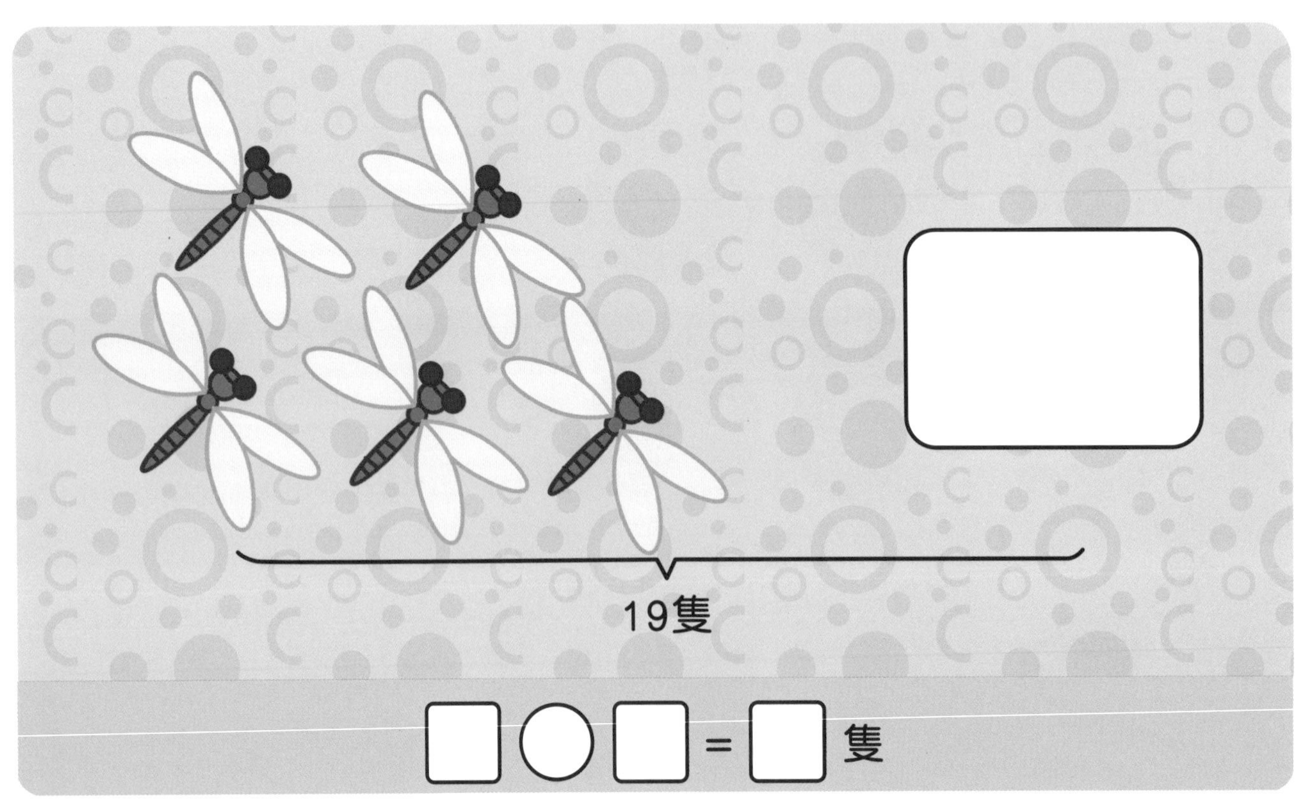

練習61

▶請你按照下面的要求回答問題，並在相應的格子裏寫出算式。

草地上原來有12隻小袋鼠，走掉2隻小袋鼠，還剩下幾隻小袋鼠？

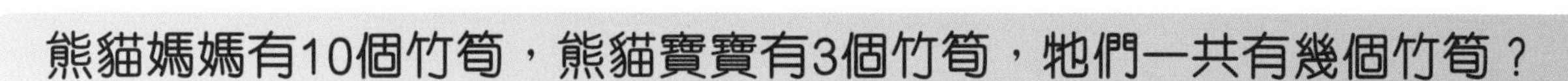

□ ○ □ = □ 隻

熊貓媽媽有10個竹筍，熊貓寶寶有3個竹筍，牠們一共有幾個竹筍？

▶**請你按照下面的要求回答問題，並在相應的格子裏寫出算式。**

原來有14個小朋友跳繩，現在還剩下3個小朋友，走了幾個小朋友？

□○□＝□ 個

有11個小朋友在踢球，2個小朋友在踢毽子，一共有幾個小朋友？

□○□＝□ 個

▶ 請你按照下面的要求回答問題，並在相應的格子裏寫出算式。

有12個小桶，小蜜蜂採蜜拿走4個小桶，還有幾個小桶沒被拿走？

□ ○ □ = □ 個

山上一共有19個小朋友在滑雪，其中有3個小朋友從山坡上滑了下來，山上還有幾個小朋友？

□ ○ □ = □ 個

看圖學20以內加減法運算 練習 64

▶ 請你按照下面的要求回答問題，並在相應的格子裏寫出算式。

小松鼠有16個松果，送給小刺蝟5個松果，牠還剩下幾個松果？

小牛有11個西瓜，小豬有5個西瓜，牠們一共有幾個西瓜？

▶請你按照下面的要求回答問題，並在相應的格子裏寫出算式。

花園裏原來有17隻小蜜蜂，飛走了2隻小蜜蜂，還剩下幾隻小蜜蜂？

花園裏原來有15隻蝴蝶，又飛來2隻蝴蝶，一共有幾隻蝴蝶？

□○□＝□隻

▶ 請你按照下面的要求回答問題，並在相應的格子裏寫出算式。

現在還缺幾把椅子？ ☐ ○ ☐ = ☐ 把

牠們一共吃了幾隻害蟲？ ☐ ○ ☐ = ☐ 隻

▶ **請你按照下面的要求回答問題，並在相應的格子裏寫出算式。**

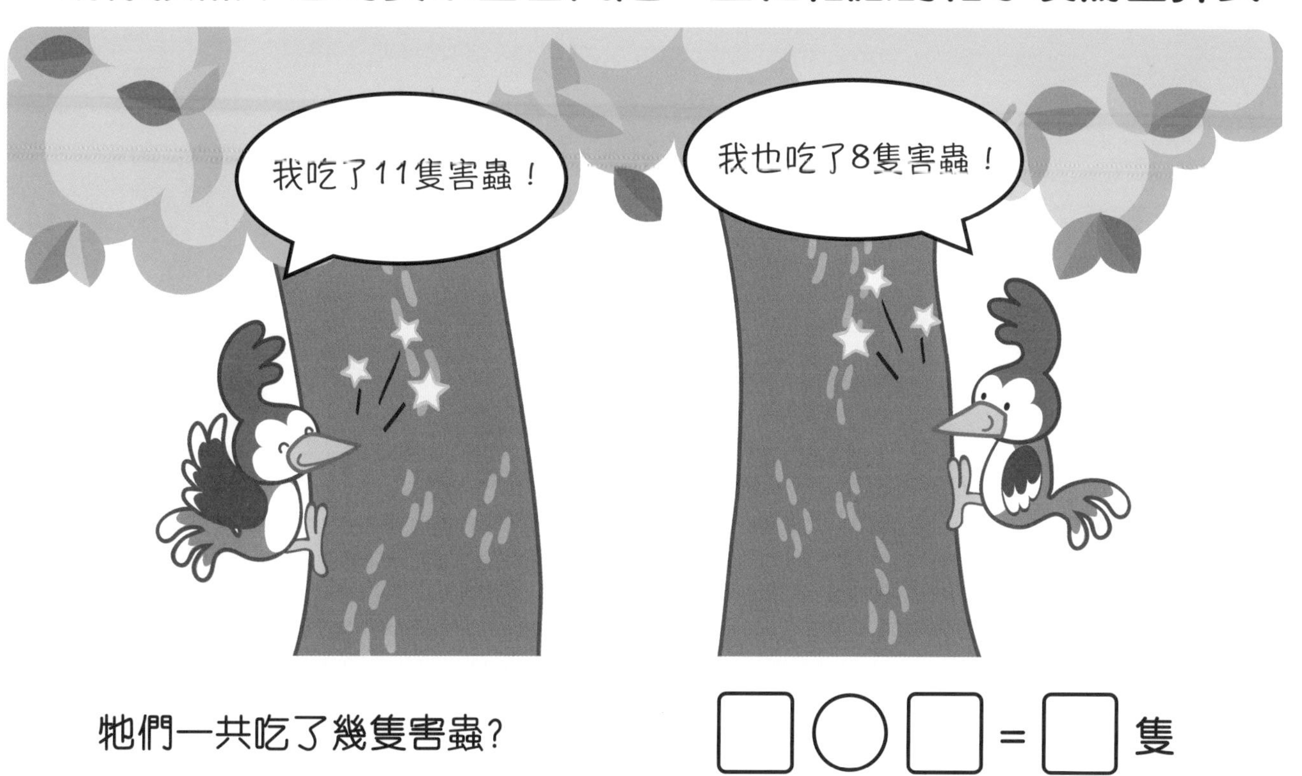

牠們一共吃了幾隻害蟲？ □ ○ □ = □ 隻

小貓還剩幾條小魚？ □ ○ □ = □ 條

看圖學20以內加減法運算 練習 68

▶ **請你按照下面的要求回答問題，並在相應的格子裏寫出算式。**

小馬比小熊多種了幾棵樹？ □○□＝□ 棵

牠們一共種了幾棵樹？ □○□＝□ 棵

練習69 看圖學20以內加減法運算

▶ **請你按照下面的要求回答問題，並在相應的格子裏寫出算式。**

牠們一共摘了幾個桃子？　□○□＝□個

兔子還剩幾個紅蘿蔔？　□○□＝□個

▶ **請你按照下面的要求回答問題，並在相應的格子裏寫出算式。**

農場有19隻小豬，賣出8隻小豬，還剩幾隻小豬？

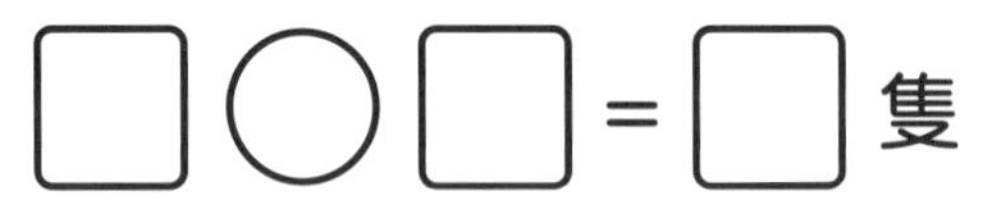

□ ○ □ = □ 隻

大象摘了10個西瓜，梅花鹿摘的西瓜和大象一樣多，牠們一共摘了幾個西瓜？

□ ○ □ = □ 個

練習71 看圖學20以內加減法運算

►請你看圖玩遊戲，在相應的格子裏寫出2道加法算式和2道減法算式。

看圖學20以內加減法運算 練習 72

▶請你看圖玩遊戲，在相應的格子裏寫出2道加法算式和2道減法算式。

▶請你看圖玩遊戲，在相應的格子裏寫出2道加法算式和2道減法算式。

看圖學20以內加減法運算 練習 74

▶ 請你看圖玩遊戲，在相應的格子裏寫出2道加法算式和2道減法算式。

▶ **請你看圖玩遊戲，在相應的格子裏寫出2道加法算式和2道減法算式。**

看圖學20以內加減法運算 練習 76

▶請你看圖玩遊戲，在相應的格子裏寫出2道加法算式和2道減法算式。

□○□＝□隻　□○□＝□隻

□○□＝□隻　□○□＝□隻

練習1
10 + 2 = 12個

練習2
11 + 3 = 14個

練習3
12 + 4 = 16隻

練習4
10 + 5 = 15隻

練習5
10 + 6 = 16隻

練習6
10 + 7 = 17隻

練習7
10 + 8 = 18隻

練習8
10 + 9 = 19隻

練習9
10 + 10 = 20個

練習10
17 + 3 = 20個

練習11
5 + 11 = 16條

練習12
8 + 11 = 19個

練習13
8 + 12 = 20個

練習14
8 + 12 = 20隻

練習15
6 + 12 = 18隻

練習16
第2題：
方法一 13 + 4 = 17條
方法二 4 + 13 = 17條

練習17
第1題：
方法一 14 + 5 = 19隻
方法二 5 + 14 = 19隻
第2題：
方法一 15 + 3 = 18隻
方法二 3 + 15 = 18隻

練習18
第1題：
方法一 12 + 6 = 18隻
方法二 6 + 12 = 18隻
第2題：
方法一 14 + 4 = 18隻
方法二 4 + 14 = 18隻

練習19
第1題：
方法一 15 + 3 = 18隻
方法二 3 + 15 = 18隻
第2題：
方法一 16 + 2 = 18頭
方法二 2 + 16 = 18頭

練習20

第1題：

方法一 11 + 5 = 16隻

方法二 5 + 11 = 16隻

第2題：

方法一 12 + 6 = 18個

方法二 6 + 12 = 18個

練習21

第1題：

方法一 12 + 5 = 17隻

方法二 5 + 12 = 17隻

第2題：

方法一 10 + 8 = 18個

方法二 8 + 10 = 18個

練習22

第1題：

方法一 14 + 5 = 19個

方法二 5 + 14 = 19個

第2題：

方法一 12 + 7 = 19個

方法二 7 + 12 = 19個

練習23

第1題：

方法一 15 + 3 = 18塊

方法二 3 + 15 = 18塊

第2題：

方法一 16 + 4 = 20隻

方法二 4 + 16 = 20隻

練習24

第1題：把17條蟲塗色

第2題：把20條蟲塗色

練習25

第1題：把19個蘑菇塗色

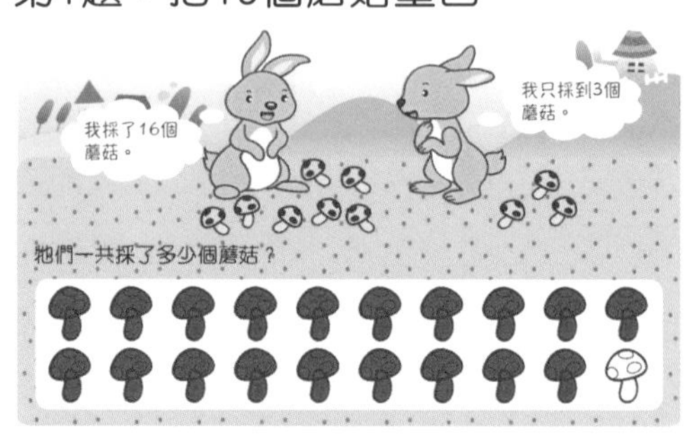

第2題：把18條魚塗色

練習26

	第一次	第二次	兩次共拍了幾下
	6	10	(16) 下
	11	7	(18) 下
	13	6	(19) 下
	5	12	(17) 下

練習27

	第一天	第二天	兩天共摘了幾個
	12	6	(18) 個
	7	11	(18) 個
	8	12	(20) 個
	15	4	(19) 個

練習28

	上午	下午	上午和下午共拔了幾個
	12	4	(16) 個
	14	5	(19) 個
	7	10	(17) 個
	13	6	(19) 個

練習29

	第一天	第二天	兩天共跳了幾下
	8	11	(19) 下
	12	6	(18) 下
	14	4	(18) 下
	16	4	(20) 下

練習30

第1題：16個
第2題：16個

練習31

第1題：18個
第2題：18個

練習32

第1題：14串
第2題：13個

練習33

第1題：19個
第2題：20隻

練習34

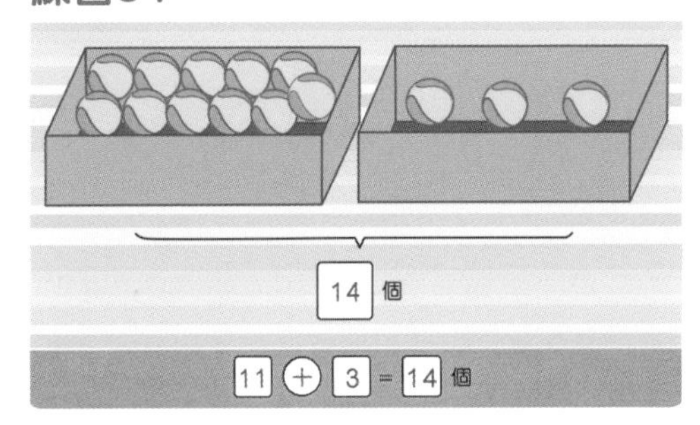

練習35

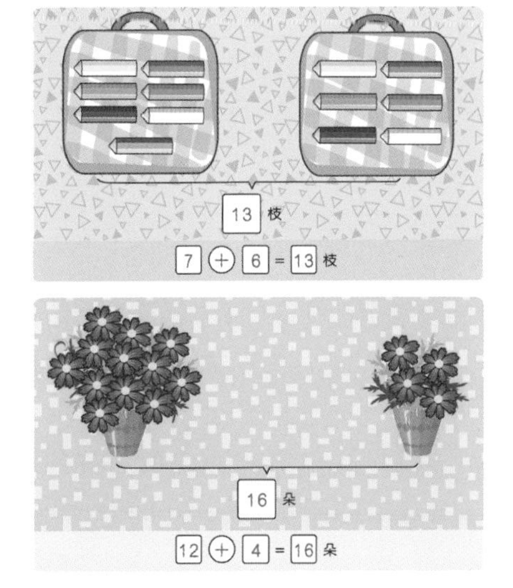

練習36

11 - 1 = 10個

練習37
13 - 2 = 11隻

練習38
14 - 3 = 11朵

練習39
11 - 3 = 8隻

練習40
10 - 5 = 5隻

練習41
15 - 3 = 12艘

練習42
19 - 5 = 14個

練習43
16 - 3 = 13個

練習44
16 - 2 = 14個

練習45
17 - 6 = 11個

練習46
17 - 2 = 15棵

練習47
20 - 2 = 18個

練習48
18 - 4 = 14個

練習49
第2題：12 - 2 = 10條

練習50
第1題：13 - 4 = 9個
第2題：13 - 4 = 9個

練習51
第1題：15 - 5 = 10個
第2題：15 - 5 = 10個

練習52

	15	15	15	15	15
跑掉	1	2	3	4	5
還剩下多少個	14	13	12	11	10

練習53

	16	16	16	16	16
吃了	1	2	3	4	5
還剩下多少條	15	14	13	12	11

練習54

	17	17	17	17	17
吃了	1	2	3	4	5
還剩下多少個	16	15	14	13	12

練習55

	18	18	18	18	18
吃了	1	2	3	4	5
還剩下多少個	17	16	15	14	13

練習56

	19	19	19	19	19
摘了	1	2	3	4	5
還剩下多少朵	18	17	16	15	14

練習57

第2題：

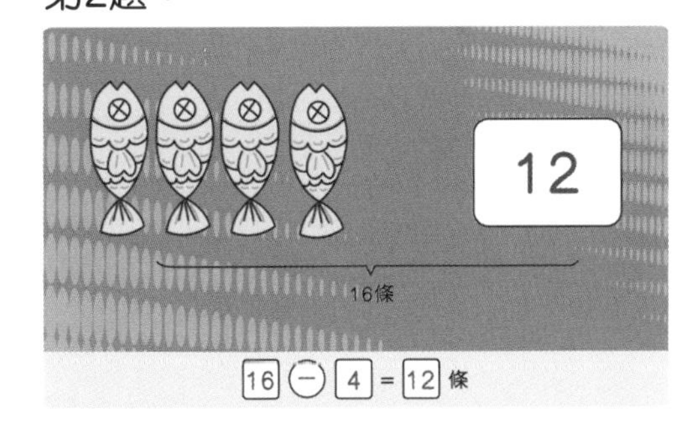

練習58

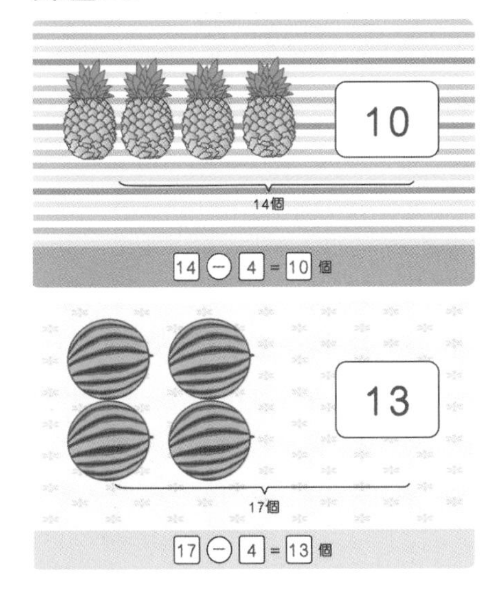

練習59

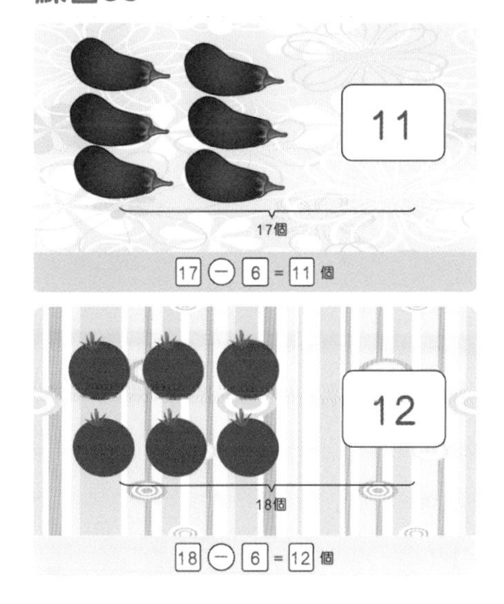

練習60

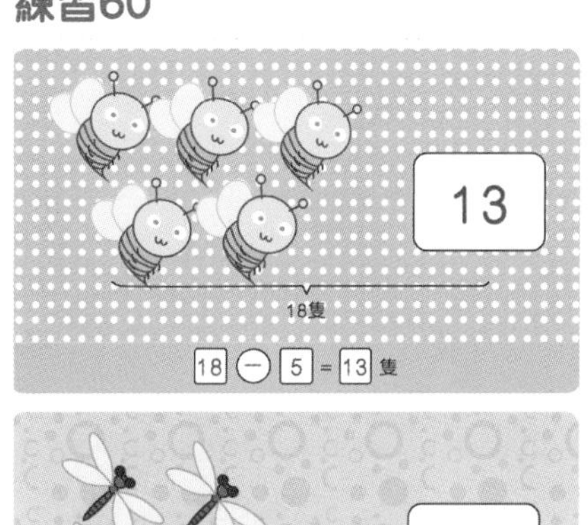

練習61

第1題：12 - 2 = 10隻

第2題：10 + 3 = 13個

練習62

第1題：14 - 3 = 11個

第2題：11 + 2 = 13個

練習63

第1題：12 - 4 = 8 個

第2題：19 - 3 = 16個

練習64
第1題：16 - 5 = 11個
第2題：11 + 5 = 16個

練習65
第1題：17 - 2 = 15隻
第2題：15 + 2 = 17隻

練習66
第1題：16 - 4 = 12把
第2題：10 + 10 = 20隻

練習67
第1題：11 + 8 = 19隻
第2題：15 - 5 = 10條

練習68
第1題：17 - 6 = 11棵
第2題：12 + 7 = 19棵

練習69
第1題：13 + 6 = 19個
第2題：19 - 7 = 12個

練習70
第1題：19 - 8 = 11隻
第2題：10 + 10 = 20個

練習71
10 + 2 = 12隻
2 + 10 = 12隻
12 - 2 = 10 隻
12 - 10 = 2隻

練習72
11 + 3 = 14隻
3 + 11 = 14隻
14 - 3 = 11隻
14 - 11 = 3隻

練習73
12 + 3 = 15隻
3 + 12 = 15隻
15 - 12 = 3隻
15 - 3 = 12隻

練習74
12 + 4 = 16隻
4 + 12 = 16隻
16 - 12 = 4隻
16 - 4 = 12隻

練習75
6 + 11 = 17隻
11 + 6 = 17隻
17 - 11 = 6隻
17 - 6 = 11隻

練習76
10 + 9 = 19隻
9 + 10 = 19隻
19 - 10 = 9隻
19 - 9 = 10隻

幼稚園數學看圖學加減法③

作　　者：何秋光
責任編輯：黃偲雅
美術設計：郭中文、徐嘉裕
出　　版：新雅文化事業有限公司
香港英皇道 499 號北角工業大廈 18 樓
電話：(852) 2138 7998
傳真：(852) 2597 4003
網址：http://www.sunya.com.hk
電郵：marketing@sunya.com.hk
發　　行：香港聯合書刊物流有限公司
香港荃灣德士古道220-248號荃灣工業中心16樓
電話：(852) 2150 2100
傳真：(852) 2407 3062
電郵：info@suplogistics.com.hk
印　　刷：中華商務彩色印刷有限公司
香港新界大埔汀麗路36號
版　　次：二〇二四年七月初版

原書名：《何秋光思維訓練・學前數學準備系列：看圖學加減法遊戲③》
何秋光 著

ISBN：978-962-08-8432-0

18/F, North Point Industrial Building, 499 King's Road, Hong Kong
Published in Hong Kong SAR, China
Printed in China